精装彩绘本

化学原来这么有趣

李 妍/著 邓钰夕/绘

U0351470

湘潭大学出版社
XIANGTAN UNIVERSITY PRESS

图书在版编目（CIP）数据

化学原来这么有趣 / 李妍著；邓钰夕绘 . -- 湘潭：
湘潭大学出版社，2023.3

ISBN 978-7-5687-0986-6

Ⅰ．①化… Ⅱ．①李… ②邓… Ⅲ．①化学－儿童读
物 Ⅳ．① 06-49

中国版本图书馆 CIP 数据核字（2022）第 249279 号

化学原来这么有趣

H U A X U E Y U A N L A I Z H E M E Y O U Q U

李妍 著 邓钰夕 绘

责任编辑：肖 萑 张 蔚
封面设计：海 凝
出版发行：湘潭大学出版社
社　　址：湖南省湘潭大学工程训练大楼
电　　话：0731-58298960　　0731-58298966（传真）
邮　　编：411105
网　　址：http://press.xtu.edu.cn/
印　　刷：大厂回族自治县德诚印务有限公司
经　　销：湖南省新华书店
开　　本：787 mm×1092 mm 1/16
印　　张：4
字　　数：54 千字
版　　次：2023 年 3 月第 1 版
印　　次：2023 年 3 月第 1 次印刷
书　　号：ISBN 978-7-5687-0986-6
定　　价：58.00 元

前言

在生活中，孩子们经常会遇到各种化学现象，被它们的神奇所吸引。化学就像一位了不起的魔术师，通过施展"魔法"，有时可以变出一种新的东西，有时也能爆发出强大的能量。帮助孩子从小做好化学启蒙，培养孩子学习化学的兴趣，到了初中，孩子面对纷繁复杂的化学原理，就不会感到陌生和害怕了。

本书是专门为7—12岁的孩子进行化学启蒙的。漫画风格的插图，能吸引孩子兴趣；通俗易懂的语言，能增加孩子的亲切感；从生活中常见现象入手，带领孩子逐步深入化学世界，培养化学兴趣和思维。

爱上化学的孩子，动手与思维能力都会得到提升，变得更加积极主动地去探索事物背后的奥秘。

目录
CONTENTS

第一章

物质的构成

1.1 微观粒子的秘密

洗干净的衣服晾到阳台上，很快就会变干。在客厅里看电视，我们也能闻到厨房里传来的菜的香味。这些都是日常生活中非常常见的现象，有些学者对此产生了兴趣，并进行了探究，他们认为物质都是由看不见的微小粒子构成的。经过不断的研究，人们发现，物质是由分子、原子等微观粒子构成的，借助一些先进的仪器，我们可以看到这些粒子。

如果我们把一滴红墨水滴到一杯水里，会看到水的颜色变成红色，这是分子运动的结果。

分子是由原子构成的，有的分子由同种原子构成，也有的分子由两种或者两种以上的原子构成。比如氧气，它的一个分子就由两个氧原子构成，空气中含量最多的氮气，它的一个分子由两个氮原子构成。而我们呼吸产生的二氧化碳，它的一个分子就由一个碳原子和两个氧原子构成。

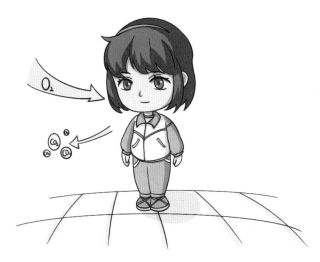

在物理变化中，没有新的分子生成。而在化学变化中，会产生新的分子。以用水制取氧气为例，在这个过程中，水分子分解成氢原子和氧原子，每两个氢原子结合成一个氢分子，每两个氧原子结合成一个氧分子。

由此可见，在化学变化的过程中，虽然分子的种类发生了变化，但是原子的种类并没有发生变化。也就是说，在化学变化中，分子可以分为原子，原子可以结合成新的分子，但是原子不可再分。由此我们可以说，原子是化学变化中的最小粒子。

原子的体积很小，小到有些难以置信。一个原子跟一个乒乓球体积之比，相当于乒乓球体积跟地球体积之比，由此可见，原子的体积是真的很小。也因此，19世纪之前，人们都认为原子是一个实心的小球，是不可分割的。

经过不断地科学猜想与实验，人类对原子结构的认识经历了多个阶段，目前人们发现，原子是由居于原子中心的原子核与核外电子构成的。原子核由质子和中子构成，每个质子带1个单位的正电荷，每个电子带1个单位的负电荷，中子不带电。我们已经知道，原子的体积很小，但是和原子核比起来，它又算是"庞然大物"了，因为如果原子的体积有体育场那么大，那原子核的体积就只有蚂蚁那么大，小到几乎看不见。所以，原子内部有足够的空间来让核外电子进行高速运动。

在有多个电子的原子中，虽然大家都是电子，所带的电荷也一样，但是它们的差别很大。离原子核近的电子能量较低，离原子核远的电子能量较高。离原子核最近的电子层是第一层，然后分别是第二层、第三层，以此类推。现在人们发现的电子中，最多的有七层核外电子，最少的只有一层。最外层电子数不超过8个，只有一层的不超过2个。

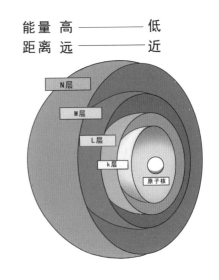

能量 高————低
距离 远————近

N层
M层
L层
k层
原子核

有的原子最外层有8个电子，它们的化学性质比较稳定，像氖、氩等稀有气体就是这样，非常"懒惰"，在常温常压下，它们很难进行化学反应。

像铝、镁等金属的原子，最外层通常都少于4个电子，在化学反应中想要形成相对稳定的结构，就会把最外层的这几个电子"抛弃"，达到最外层8个电子的稳定结构。

而氯、磷等非金属元素的原子，最外层通常都多于4个电子，由于"人多力量大"，所以它们很容易从别的原子那里得到电子，达到最外层8个电子的稳定结构。

在这个得到和失去电子的过程中，失去电子的原子会带正电荷，得到电子的原子会带负电荷。这种带电的原子有了新的名字，叫作离子，其中带正电的原子叫阳离子，带负电的原子叫阴离子。

门捷列夫与元素周期表

在化学教科书里，都附有一张"元素周期表"，它把各种看起来没有关系的元素都放到一起，给它们"安了家"。这样一来，原本杂乱的元素就被按照一定的规律排列了起来。它的发明是近代化学史上的一个创举，大大地促进了化学的发展。说到它的发明，就要提到19世纪俄国著名的化学家门捷列夫。

他按照相对原子质量的大小，把化学性质相近的元素排列在一起，制出了第一张元素周期表。

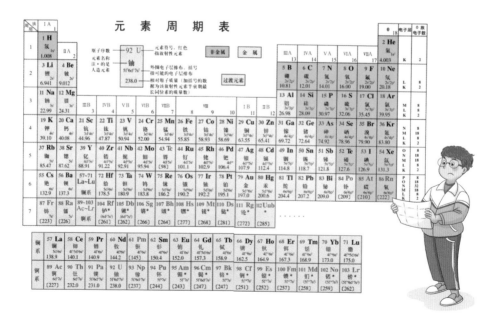

后来经过科学家多年的修订，才有了现在我们见到的元素周期表。它有7个横行，18个纵列。每一个横行叫作一个周期，每一个纵列叫作一个族，不过个别的族有3个纵列。这7个周期也不相同，分为3个短周期和4个长周期。在同一个周期里，从左到右，元素的核外电子有着相同的层数，但是最外层电子数依次递增。

第二章

物质的分类

在化学中，人们将由同种物质组成的物质称作纯净物，比如人类赖以呼吸的氧气就是纯净物。由不同物质混合而成的物质，则被称作混合物，比如地球上的空气就是混合物。

由同种元素组成的纯净物，被叫作"单质"，比如氧气（O_2）、氢气（H_2）、氮气（N_2）、铁（Fe）、碳（C）等。

区别于单质，由不同种元素组成的纯净物，则被叫作"化合物"，诸如高锰酸钾、氯化钠、蒸馏水等。

> 此外，在由两种元素组成的化合物中，如果其中一种组成元素是氧元素，那么这个化合物就可以被称作"氧化物"，比如二氧化碳、氧化铁、五氧化二磷以及水等，都属于氧化物，它们的组成元素中，都有氧元素。

单质和化合物之间，既存在相互联系，又彼此区别。从二者间的联系来看，单质和化合物都属于纯净物的范畴，并且它们之间可以实现相互转化。换句话说，单质可以经过和单质之间的化学反应，生成化合物，同时，单质也可以直接和化合物进行化学反应，而后生成另一种化合物。

比如镁条在空气中燃烧后，会生成氧化镁这一产物，其中，镁和氧气都属于单质，而氧化镁则属于化合物。

从单质和化合物的区别来看，二者的概念不同，单质是由同种元素组成的纯净物，化合物是由不同元素组成的纯净物。

此外，单质是由同种原子构成的，不能进行分解反应，而化合物则是由不同原子构成的，能够进行分解反应。

目前，常见的单质主要有金属、非金属和稀有气体三类。

金属类单质：铝（Al）、铁（Fe）、钙（Ca）、钾（K）、汞（Hg）等；

非金属类单质：氧气（O_2）、硫（S）、硅（Si）、磷（P）、碘（I）、氢气（H_2）、氮气（N_2）等；

稀有气体单质：氦气（He）、氖气（Ne）、氩气（Ar）、氪气（Kr）、氙气（Xe）、氡气（Rn）等。

而化合物按照组成，又可分为有机化合物和无机化合物。其中，有机化合物指的是含碳元素的化合物，不过要注意的是，并不是所有含碳元素的化合物都是有机化合物，特别是要除去CO_2、CO、H_2CO_3以及碳酸盐等，虽然它们都含有碳元素，但却不是有机化合物。

和有机化合物相对，无机化合物指的是不含碳元素的化合物，比如H_2O、$KClO_3$、MnO_2、$KMnO_4$、NaOH等，都是无机化合物。

2.2 传统金属与合金

在我们的日常生活中，有很多金属制品，比如炒菜时使用的铁锅、烧水时用的水壶、切菜的刀具以及水龙头等，全都是用金属材料制作的生活用具。

要知道，人类使用金属材料的历史十分久远，从青铜器时代进入铁器时代后，人类已经开始广泛使用以铜、铁为代表的金属材料了。

目前，世界上年产量最高的金属是铁，其次是铝和铜，导热、导电性最好的金属是银，熔点最高和最低的金属分别是钨和汞，密度最大和最小的金属分别是锇和锂。

值得一提的是，人体中也含有金属元素，其中含量最高的是钙。

从金属的性质来看，它同时具备化学性质和物理性质。其中，在化学性质方面，金属主要有三种性质特点。

除了化学性质外，金属还具备一些物理性质，主要表现在金属的导电性、导热性、密度、熔点、硬度等方面。

第一，大多数金属都可以和氧气发生化学反应，比如铝在空气中和氧气发生化学反应后，会在表面生成一层氧化铝薄膜，它可以有效地阻止铝进一步氧化，提升铝制品的抗腐蚀性；

第二，很多金属还可以和盐酸、稀硫酸等发生化学反应；

第三，金属具备活动性顺序，并且这一特性可以作为金属能否在溶液里发生置换反应的判断标准之一，常见的金属活动性顺序由强到弱分别是：K、Ca、Na、Mg、Al、Zn、Fe、Sn、Pb、(H)、Cu、Hg、Ag、Pt、Au。

就如同制作美食一般，各种金属材料在经过某些特定组合和加工后，会诞生不一样的金属材料，比如合金就是这样产生的。

所谓合金，指的是一种金属和其他金属，在混合熔化并冷却凝固后产生的固体产物，一般，这种固体产物具备一定的金属性质。目前，人类生产生活中常见的合金主要有铁合金、铝合金、铜合金、锌合金、锡合金以及钛合金等。

目前，人类已经制取得到的纯金属大约有90多种，将这些纯金属按照一定的组成和质量进行配比后，能够产生数千种合金。这些合金绝大多数性能是区别于组成它们的纯金属的，并且它们被更广泛地应用到人类的生产生活中。

比如被公认为"21世纪重要金属材料"的钛合金，它被广泛地运用在化工生产、通信设备以及船舶、导弹、火箭和航天飞机的制造中，具有熔点高、密度小、可塑性好、机械性能好、易于加工等特点，同时还具有较强的抗腐蚀性。

第三章

常见的溶液

3.1 物质在液体中溶解

泡了盐的盐水，喝起来咸咸的；加了糖的糖水，尝起来甜甜的；倒了醋的醋水，吃起来酸酸的……为什么水会有如此多样的味道呢？

这就引出了化学上的一个概念——溶液。

所谓溶液，指的是一种或几种物质分散到另一种物质中，从而形成的一种均一的、稳定的混合物。

一般，溶液是由溶质和溶剂两部分组成的，其中，溶质指的是溶液中能够被溶解的物质，它既可以是固体，也可以是液体，而溶剂则是指溶液中能够溶解其他物质的物质。比如在盐水、糖水等溶液里，盐和糖都是溶质，而水则是溶剂。

此外，如果是两种液体彼此溶解，那么，一般会将溶液中量多的液体称作溶剂，而将量少的液体称作溶质。

在众多溶剂中，水是一种最常用、同时也是最普遍的溶剂，它能溶解非常多的物质。

除了水，生活中常用的汽油、酒精等物质，也都能作为溶剂使用。其中，汽油可以用来溶解油脂类物质，而酒精则可以用来溶解碘等物质。

要知道，物质在溶解过程中，会伴随吸热、放热等现象，这也使得溶液具有十分广泛的用途，不仅和人类的日常生活息息相关，而且还被广泛地应用在工农业生产、科学研究等领域。

生活中，大家有没有这样的经验：往一杯水里加糖，一开始，加入的白糖会不断地在水中溶解，可当白糖加入到一定量时，水杯里的水就无法溶解白糖了，而后加入的白糖就会沉淀在杯底。这是为什么呢？作为溶剂的水为什么不能继续溶解作为溶质的白糖呢？

其实，在一定的温度下，如果向一定量的溶剂里加入某种溶质，当溶质不能继续被溶解时，此时所得到的溶液，就被称作这种溶质的饱和溶液。

与饱和溶液的概念相对应，如果继续加入溶质后，溶液还能够继续溶解下去，那么此时所得到的溶液就被称作这种溶质的不饱和溶液。

比如之前提到的那杯不能再继续溶解白糖的糖水，它就可以被看作白糖的饱和溶液。如果此时，我们对糖水进行加热，或者再加入更多的溶剂，也就是水，那么，神奇的现象就会出现：原本无法再继续溶解白糖的糖水，竟然能再次开始溶解白糖了。此时，这杯糖水就成了白糖的不饱和溶液。

3.2 生活中的酸与碱

生活中，酸和碱是两种非常常见的物质，比如日常饮食中食用的食醋、酸味十足的柠檬，是"酸"的具体物化，而诸如石灰水中的氢氧化钙、清洁剂中的氢氧化钠等，都是"碱"的具体物化。

目前，常见的酸还有盐酸、硫酸、硝酸、醋酸等。其中，盐酸和硫酸是两种用途极广的化工产品。盐酸不仅常被用来制造盐酸麻黄素、氯化锌等药物，而且还能被用来进行金属表面的除锈。值得一提的是，在人体的胃液里，也含有盐酸，它能帮助胃部消化食物哦。

硫酸同样是一种重要的化工原料，通常被用来制作农业生产所需的化肥、农药，此外还能用来制造染料、火药，以及精炼石油、冶炼金属和金属除锈等。

此外，由于浓硫酸具有较强的吸水性，因此它还常常被用在化学实验室里，当作干燥剂使用。

但浓硫酸是一种具有强烈腐蚀性的物质，它能夺取纸张、木材、布料甚至是人体皮肤里的水分，并生成黑色的炭，因此，在使用浓硫酸时，一定要足够谨慎和小心，以防被浓硫酸灼伤。

倘若不小心发生了浓硫酸飞溅到皮肤的情况，应该立即用清水不断地冲洗，之后涂抹3%~5%的碳酸氢钠溶液。

常见的碱主要有氢氧化钠、氢氧化钙、氢氧化钾和氨水等。其中，氢氧化钠又俗称为苛性钠、火碱、烧碱。作为一种重要的化工原料，氢氧化钠主要被用在肥皂、纺织、造纸、印染以及石油等工业领域，它能和油脂进行化学反应，因此常被用来制作除油剂、除污剂。

氢氧化钠和浓硫酸一样，具有强烈的腐蚀性，一旦不小心沾到皮肤上，应该立即用大量清水冲洗，并在之后涂抹硼酸溶液。

氢氧化钙，也就是人们俗称的熟石灰、消石灰，这是一种白色粉末状物质，在工业生产和日常生活中用途十分广泛。比如在工业建筑生产上，通常用熟石灰和沙子的混合物来砌砖，用石灰浆粉来刷墙壁；在农业生产上，由石灰乳和硫酸铜等物质配制而成的波尔多液，是一种十分高效的农药。此外，熟石灰还能被用来改良酸性土壤。

酸和碱之间能进行化学反应，并由此生成盐和水，这一反应就是所谓的"中和反应"，在人类的日常生活和工农业生产中应用十分广泛。

3.3 常见的盐

说到盐，大家肯定不会感到陌生。要知道，在我们的日常生活里，盐可是一种非常重要的佐料，炒菜时都需要用到盐。

根据世界卫生组织的建议，正常成年人每人每天的食盐摄入量应该<5g，儿童每天的食盐摄入量则根据年龄和需求而定。

除了食盐，生活中常见的盐还有碳酸钠、碳酸氢钠、高锰酸钾等。从化学角度来看，盐特指一种组成中含有金属离子（或铵根离子）和酸根离子结合的化合物，具体包括氯化钠、硫酸铜、碳酸钙等物质。

一般来说，氯化钠就是日常生活中使用的食盐，它是一种重要的调味品，能够让菜肴变得更加美味可口，同时也能满足人体每日的生理活动所需，补充体内的钠元素。

氯化钠进入人体后，大部分分解成钠离子和氯离子，前者能够对人体细胞内外正常水分的分布起到辅助作用，同时还能促进人体细胞内外的物质交换；后者则是人体胃液的主要组成，能够起到促生盐酸、帮助消化、增加食欲的作用。

此外，氯化钠在医疗、农业、工业等领域也有广泛应用，比如医疗上的生理盐水就是用氯化钠配制的；又比如工业生产中的碳酸钠、氢氧化钠、氯气、盐酸等，都是以氯化钠为原料制取的；再比如冬天马路上的积雪，主要是用氯化钠来进行消除的。

0.9％的氯化钠水溶液

除了以上应用，氯化钠还被人们用来腌制蔬菜、肉类、蛋类，由此诞生出风味绝佳的各类腌制品，不仅口味鲜美独特，而且还能长时间保存呢。

碳酸钠、碳酸氢钠、碳酸钙也是常见的盐类，应用十分广泛。比如碳酸钠常被应用在工业生产中，主要用来生产玻璃、纸张以及洗涤剂等；又比如碳酸氢钠常被用来制作发酵粉和治疗胃酸的药物；再比如碳酸钙主要分布于石灰石、大理石中，常常被用来制作重要的建筑材料，此外还常被用来制作补钙剂。

第四章

无处不在的空气

4.1 空气的组成

就像鱼儿离不开水一样，人类的生命无法离开空气而存活，换句话说，没有空气就没有生命，空气是人类生命赖以生存的必要条件。

虽然空气看不着、摸不着，但早在两百多年前，法国化学家拉瓦锡就通过化学实验的方法，对空气里的成分进行了研究，并最终得出了空气是由氧气和氮气组成的，氧气在空气总体积中约占五分之一的实验结论。

拉瓦锡的这个实验结论，一直持续到19世纪末，之后，人们又陆续通过实验，发现空气中还含有氦、氖、氩、氪、氙等气体，人们将这些气体称为"稀有气体"。

目前，人们已经精确地知道了空气的组成成分，按体积计算大约是：氮气78%，氧气21%，稀有气体0.94%，二氧化碳0.03%，其他气体和杂质0.03%。

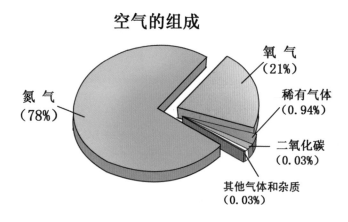

空气中各种成分均能广泛应用于化工、运输、石油加工等领域，是人类社会的重要资源。

　　氧气和氮气分别只由一种物质组成，都是纯净物。纯净物可以用化学符号来表示，比如O_2表示氧气，N_2表示氮气。

　　氧气，它除了能保障人类的生命外，还被广泛地应用于医疗救援中，此外，燃料燃烧也离不开氧气，炼钢、气焊以及化工生产和宇宙航行等都要用到氧气。

　　氮气，它的应用比氧气还要广泛，比如人们生活中用来照明的灯泡，里边就充着用来延长灯泡寿命的氮气，又比如人类农业生产所需的氮肥，就是用氮气为主要原料制作的，再比如各种食品包装通过充氮气来防止食物腐烂，又比如工人在焊接金属时，通常会使用氮气来作为保护气体。

第五章

神奇的化学反应

5.1 化学反应的发生

人类生活在一个不断变化发展的物质世界，在物质和物质互动变化过程中，人们将能够生成其他物质的变化，称之为化学变化，也就是人们常说的化学反应。举例来说，煤炭和木柴的燃烧、钢铁制品生锈等现象，就是典型的化学反应。

能够生成其他物质，是化学反应的一大基本特征，这一特征常常伴随物质颜色改变、释放气体以及生成沉淀物等现象的发生。此外，化学反应还有另一个基本特征，那就是在化学反应过程中，会出现能量的变化，通常表现为吸热、放热、发光等现象。

有趣的是，物质的化学反应和物理变化有时会同时发生。比如生活中常见的蜡烛，蜡烛燃烧时因为受热而发生熔化，这一现象属于物理变化，而蜡烛燃烧生成水和二氧化碳，这现象就属于化学反应了。

5.2 发光现象

作为化学反应中能量变化的一大表现，化学发光和日常生活中的发光现象并不一样。化学发光指的是在化学反应过程中所产生的一种光辐射现象，主要包括直接发光和间接发光两种。

说起化学反应中最典型的发光现象，要数物质与氧气的燃烧反应了。比如在氧气条件下，点燃细铁丝，就能瞬间看到它剧烈燃烧的现象，并且期间火星四射，爆发出如同灿烂星火一般的光芒，再比如铝箔或镁条在氧气中燃烧时，会产生耀眼的白光。

事实上，不同的物质在进行化学反应时，所发出的光的颜色、规模等都是各不相同的。比如，当硫在空气里进行燃烧时，会发出比较微弱的火焰，色泽以淡蓝色为主，如果让硫在氧气条件下进行燃烧，就会爆发出比之前更旺盛的火焰，色泽上呈现为蓝紫色，发光现象要比之前活跃。

纯氧

正是因为物质在化学反应中的发光现象各不相同，因此发光现象才成了化学反应中能量变化的一大表现，是人们在进行化学反应时，用以观察反应数据、记录物质变化状态的重要参考之一。

如果将化学反应比作一个人，那这个人除了闪闪发光、万众瞩目外，还非常的热心肠，自带散热属性，能够将自身所拥有的热量释放出来。

事实上，在化学反应的能量变化中，发热或吸热也是物质进行化学变化的一大重要现象。

化学反应里的发热，又被称作反应热，指的是在化学反应处于等温、等压条件下，发生化学反应所释放或者吸收的热量。一般，人们将化学反应的反应热分为生成热、燃烧热、中和热、溶解热、稀释热、分解热、蒸发热、升华热、熔化热等形式。

其中，生成热、燃烧热、分解热和中和热，属于化学反应中的反应热现象；蒸发热、升华热以及熔化热属于化学反应中的相变热现象。

化学反应中的反应热现象广泛地存在于自然界和人类的生产生活中，比如自然界里的燃烧、光合作用以及呼吸作用，又比如人类生产生活中的金属冶炼、火箭发射等。

在化学反应中，当反应物的总能量大于生成物的总能量时，人们将这种反应称为放热反应，常见的反应类型有燃烧、中和、金属氧化、铝热反应以及较活泼金属和酸的反应等。

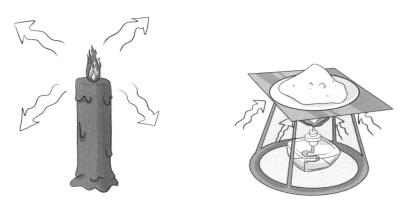

与放热反应相对应，化学反应中还有一种吸热反应，指的是在化学反应过程中吸收热量的反应。需要注意的一点是，并不是所有需要加热的化学反应都是吸热反应。

5.4 变色现象

除了能够发光发热外，化学反应中还常常会出现变色现象，不同形态、不同属性的物质在一起进行化学反应时，呈现出各不相同的颜色变化。

比如在固体溶解于溶液的化学反应中，当活泼金属、碱性氧化物、碱、碳酸盐等物质，被加入足量的酸后，固体就会完全溶解，从而分别生成无色、浅绿色、棕黄色或蓝色的溶液。

又比如在进行有关酸碱指示剂颜色变化的反应时，如果往紫色石蕊溶液里加入酸，它的颜色就会变成红色；如果加入碱，它的颜色就会变成蓝色；如果通入二氧化碳，它的颜色也会变成红色，此时如果进行加热，石蕊溶液又会变成紫色。

再比如往无色酚酞溶液里加入碱，它的颜色会由无色变成红色；如果加入的是酸，那么无色酚酞溶液则保持不变，不会出现变色现象。

可以说，化学反应中的变色现象，是一种非常奇特而又富含化学原理的反应现象。通过这一特殊的化学反应现象，人们可以更好地观察和认识各种各样的物质，以及它们之间存在的化学反应关系，从而探索更加无穷和未知的化学知识。

5.5 生成沉淀物

在化学反应中，经常会出现生成沉淀物的反应，而"生成沉淀物"这一现象也就顺理成章地成为衡量化学反应的重要特征之一。所谓沉淀物，一方面指在沉淀过程中析出的固体物质，另一方面也指从溶液中析出固体物质的过程。

在化学溶液中，当某些盐与酸、盐与碱、盐与盐或酸性氧化物与碱之间发生反应时，常常会出现生成沉淀物的现象，这些生成的沉淀物一般呈白色、蓝色或者红褐色。

> 生成白色沉淀物的化学反应方程式有：$Ba(OH)_2+Na_2CO_3 = BaCO_3\downarrow +2NaOH$
>
> 生成蓝色沉淀物的化学反应方程式有：$CuSO_4+2NaOH = Cu(OH)_2\downarrow +Na_2SO_4$
>
> 生成红褐色沉淀物的化学反应方程式有：$FeCl_3+3NaOH = Fe(OH)_3\downarrow +3NaCl$

一般，人们将氢氧化铁、氢氧化铜、氢氧化镁、氢氧化铝、碳酸钡、氯化银、硫酸钡、碳酸钙、碳酸银，称作化学中的九大沉淀物。其中，氢氧化铁呈棕色或红褐色粉末状，又或者呈深棕色絮状沉淀或胶体状；氢氧化铜为蓝色絮状沉淀；氢氧化镁呈白色粉状或无色六方柱晶体状。

除了在化学实验中能看到生成沉淀物的现象外，日常生活中也会出现不少产生沉淀物的化学变化现象。比如，使用一段时间暖水壶后，就会发现暖水壶内部出现白色沉淀物，也就是人们所说的水垢，这是由碳酸钙沉积而成的；又比如，放置一段时间的铁锅，会出现铁锈，它们是三氧化二铁、四氧化三铁的沉积物。

5.6 质量守恒定律

我们都知道，化学反应是反应物经过反应后，生成新物质的反应变化过程，在这个过程中，反应物实现了物质形式与物质能量间的转化，就像破茧成蝶一般，实现了新生。

那么，在这个过程中，反应物和生成物之间又存在怎样的关系呢？特别是它们的质量之间有什么变化呢？

其实，这个问题的答案，早在1774年，就被法国化学家拉瓦锡破解了。通过采用精确的定量实验，拉瓦锡重点研究了氧化汞在化学分解和合成反应中各物质质量之间的变化关系，并最终得出了"反应前后各物质的质量总和没有改变"的结论。

拉瓦锡的这一实验结论，之后被大量且广泛的实验进行了验证，最终，人们确切地得出了"质量守恒定律"，也就是所有参与化学反应的各物质的质量总和，与化学反应后所生成的各物质的质量总和相等。

之所以会出现这种情况，是因为化学反应的本质，其实就是所有参加化学反应的各物质的原子，在经过重新组合后，生成其他物质的过程，在这个过程中，无论是物质中原子的种类，还是原子的数量，又或者原子的质量，全都没有发生变化，所以化学反应前后物质质量是守恒的。

第六章

化学实验的魅力

6.1 实验前的准备

从化学实验的操作原则来说，主要有七大原则需要遵循。

第一，从下往上原则；

第二，从左到右原则；

第三，先"塞"后"定"原则；

第四，固体先放原则；

第五，液体后加原则；

第六，装入药品前，先验气密性原则；

第七，所有实验装置装完后，后点酒精灯原则。

严格的操作原则，是化学实验安全性和有效性的重要保证，这就好比上车先系好安全带一样，只有这样才能防患于未然，将有可能发生的意外伤害度降到最低。

要想化学实验有效且成功，自然离不开专业的化学实验设备的支持。目前，化学实验常用的专业设备主要有试管、烧杯、量筒、集气瓶、酒精灯、胶头滴管、滴瓶、铁架台、漏斗、试管夹及玻璃棒等。

其中，试管主要用来进行少量试剂的化学反应，通常在常温条件或者加热状况下使用。

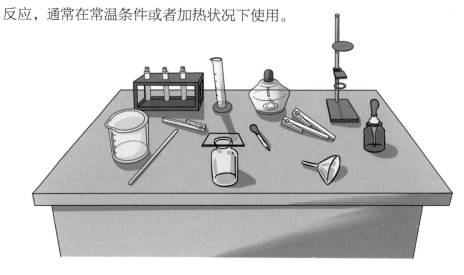

烧杯的容量比试管大得多，因此常被用来进行较大量试剂的化学反应，同时也常被用来配制溶液，一般是在常温或者加热条件下使用，加热时要放在石棉网上，保持受热均匀。

量筒上标有刻度，常用来度量液体体积，不能用来进行加热，也不能用作反应容器。

集气瓶主要用来收集或者贮存实验中产生的气体，不能用来加热。

酒精灯主要用来在实验过程中进行加热。

胶头滴管用来吸取或滴加液体，滴瓶则用来盛放液体，位于滴瓶上的滴管，是和滴瓶配套使用的，切勿乱用。胶头滴管在使用后，要及时清洗，然后再去取用其他药品。

铁架台主要用来固定或支持各种化学实验仪器，通常被运用在过滤、加热等实验操作环节中。

漏斗是化学实验中的专业加液器，同时也是专业的液体过滤器，在漏斗上装上滤纸后，就能将固液混合物进行分离。

试管夹主要用来在实验过程中夹持试管。

玻璃棒主要用来在实验过程中搅拌、过滤或者转移液体物质。

化学实验的特殊性，使得它的操作过程具备十分严谨而精细的特点。除了了解化学实验的操作原则和常用设备外，我们还要掌握化学实验的基本操作，这样才能正确、快速、安全、高效地进行化学实验，并由此取得预期的化学实验结果。

一般来说，化学实验的基本操作主要涉及四个方面，分别是化学药品的取用、物质的加热、仪器装置的连接以及玻璃仪器的洗涤。

化学实验中需要使用一定的化学药品，这些化学药品很多都是易燃、易爆甚至是具有一定腐蚀性或毒性的，正因如此，在取用化学药品时，一定要严格遵循以下取用规则：

第一，不能用手去触碰药品；

第二，不能把鼻孔凑到容器口去闻药品气味；

第三，不能用嘴去尝药品味道；

第四，严格按照实验规定用量取用药品；

第五，实验剩余药品要放入指定容器内，不能随意丢弃，也不能放回原瓶，更不能随意带离实验室。

在化学实验中取用固体药品时，还要格外注意以下几点：

第一，固体药品的取用，需要使用药匙、镊子等器具，取药后要及时用干净的纸将药匙、镊子擦干净；

第二，在放置密度较大的块状固体药品时，应先将玻璃容器横放，然后放入固体药品，并让其缓缓滑落到玻璃容器底部；

第三，在放置粉末药品时，应将试管等容器倾斜，然后用药匙将药品送至试管底部，防止药粉飞散。

在取用液体药品时，由于这一类药品通常存储于细口瓶中，因此在取用时要采取倾倒法。此外，在取用一定量的液体药品时，一定要先将量筒放平，然后视线与量筒内的液体凹液面最低处保持水平，最后根据量筒上的数字标识量出液体体积。

如果实验所需的液体量较少，则可以选用滴管来取用药品。操作结束后需要注意：

第一，取完液体药品的滴管，千万不能平放或者倒置，这样会发生液体倒流的情况，正确的放置方法是保持滴管的橡胶胶帽在上；

第二，使用过的滴管不能随意放置在实验台或者别的地方，防止滴管被污染；

第三，取药结束后，要第一时间清洗滴管，千万不能用使用过但未清洗的滴管去取用别的液体药品或者试剂。

化学实验中的物质加热，以酒精灯为主要实验仪器。在使用酒精灯时，要注意以下几点操作方法：

第一，不能向燃着的酒精灯内添加酒精，以免失火；

第二，不能用燃着的酒精灯去点燃另一只酒精灯；

第三，使用后的酒精灯，必须及时用灯帽盖灭，严禁用嘴去吹灭；

第四，使用时谨慎小心，不要碰倒酒精灯，如不慎将酒精洒落并引发着火，应第一时间用湿抹布扑盖。

用酒精灯对试管内的液体进行加热时，也要注意以下几点：

第一，试管外壁一定要保持干燥，同时，试管内的液体不应超过试管容积的1/3；

第二，用试管夹夹持试管时，要从试管底部套上或取下；

第三，用酒精灯加热试管时，应先使试管底部受热均匀，再用酒精灯的外焰进行固定加热。

此外，用酒精灯加热试管内的液体时，千万不能将试管口对准自己或者他人，以免意外发生，同时，加热后的试管，千万不能立即接触冷水，即使要清洗，也要等到试管自行冷却后，再用冷水进行冲洗。

在连接化学实验的仪器装备时，要特别注意安装连接时的力度，避免不小心折断玻璃管，发生刺伤手掌的意外。

化学实验仪器装置连接的基本操作主要有：

第一，先将玻璃管插入带孔的橡胶塞内；

第二，将玻璃管和胶皮管连接起来；

第三，在容器口塞入橡胶塞；

第四，检查仪器装置的气密性，确定不漏气后才能进行接下来的化学实验。

此外，在化学实验结束后，要第一时间将实验中使用的玻璃仪器清洗干净，这样才不会影响之后的实验使用和实验效果。

在冲洗实验中使用过的玻璃仪器时，也要注意以下几点：

第一，冲洗前，先将玻璃仪器内的实验废液倒干净，然后注入半试管水，轻轻摇动涤荡后倒掉，然后再注水再摇动涤荡，如此反复进行几次；

第二，如果玻璃仪器内有不易被冲洗掉的物质出现，可以用试管刷进行刷洗；

第三，用试管刷刷洗过程中，要特别注意手部力度，并将试管刷进行转动或者是上下移动；

第四，当玻璃仪器内壁附着的水既不聚滴也不成股流下时，表明玻璃仪器已冲洗干净了，将它放到指定位置即可。

6.3 氧气含量的测定实验

实验名称： 氧气含量的测定实验

实验目的： 测定空气中氧气的含量

实验准备： 集气瓶、水、止水夹、胶皮管、红磷、燃烧匙、导管、烧杯等

安全提示： 本实验要燃烧红磷，请在安全环境下，在成人陪同下进行，切勿单独操作

实验过程：

第一步，在集气瓶内加入少量水，并将水面上方空间分为5等份；

第二步，连接装置并检查装置的气密性，用止水夹夹紧胶皮管；

第三步，点燃燃烧匙内的红磷后，立即伸入集气瓶中并把塞子塞紧，观察红磷燃烧的现象；

第四步，待红磷熄灭并冷却后，打开止水夹，观察实验现象及水面的变化情况。

实验图示：

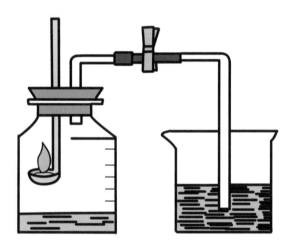

实验现象： 红磷燃烧有大量白烟产生，集气瓶内水面上升了约1/5。

实验注意事项：

1. 实验装置必须密封；

2. 红磷要取过量；

3. 导管中要注满水，止水夹夹紧；

4. 点燃红磷后立即伸入集气瓶中并把塞子塞紧；

5. 要等红磷完全冷却后，再打开止水夹。

实验结论： 氧气体积约占空气体积的1/5。

6.4 水的成分测定实验

实验名称: 水的成分测定实验

实验目的: 测定水的组成成分

实验准备: 水槽、试管、水、直流电源

安全提示: 本实验要在通电条件下进行，请在安全环境下，在成人陪同下进行，切勿单独操作

实验过程:

第一步，在水槽中盛水，并倒立两支盛满水的试管；

第二步，接通直流电源，观察电极上和试管内有什么现象发生；

第三步，切断装置的电源，在水下用拇指堵住试管口；

第四步，取出连接电源负极的试管，将其直立并松开拇指，将燃着的木条伸入试管，进行观察；

第五步，取出连接电源正极的试管，将其直立并松开拇指，将带火星的木条伸入试管，进行观察。

实验图示:

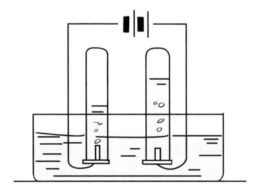

实验现象:

1. 通电后，电极上出现了气泡；

2. 通电一段时间以后，正、负两极产生的气体体积比大约为1:2；

3. 伸入正极试管里的带火星木条复燃，负极试管里的气体燃烧并出现淡蓝色火焰。

实验注意事项:

1. 为了增强导电性，可以在水中加入少量硫酸钠或氢氧化钠；

2. 由于氧气不易溶于水，氢气难溶于水，因此在实验最开始时，氧气和氢气的体积比与1:2不符，此为正常现象。

实验结论: 水是由氢、氧两种元素组成的。

实验名称： 铁钉生锈成因实验

实验目的： 探究铁钉出现铁锈的原因

实验准备： 试管、蒸馏水、植物油

安全提示： 本实验要用试管和煮沸的蒸馏水，请在安全环境下，在成人陪同下进行，切勿单独操作

实验过程：

第一步，准备三支试管，在第一支试管中放入一根铁钉，同时加入蒸馏水，水面不要浸没铁钉，保持铁钉与空气相接触；

第二步，在第二支试管中放入一根铁钉，注入煮沸的蒸馏水，让水面完全浸没铁钉，然后在蒸馏水上加入一层植物油，保证铁钉只与水接触；

第三步，将第三支试管用酒精灯烘干，然后放入一根铁钉，之后用橡皮塞塞紧试管口，使铁钉只与干燥的空气接触；

第四步，将三支试管静置，每天定时观察铁钉的生锈情况，并认真做好记录。

实验图示：

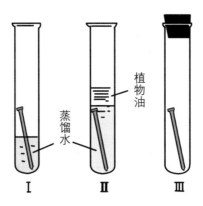

实验现象： 第一支试管中的铁钉生锈，第二支试管中的铁钉不生锈，第三支试管中的铁钉不生锈。

实验注意事项：

1. 操作谨慎，防止试管摔碎；
2. 使用蒸馏水，而非饮用水；
3. 使用干净的、未生锈的铁钉。

实验结论： 铁钉生锈的原因，是铁与空气中的氧气、水蒸气发生了化学反应。

第七章

化学的应用

7.1 炸药

炸药的前身，其实是我国唐朝时期的一种黑色炸药，也就是所谓的火药，它是我国四大发明之一，同时也是世界上最早的炸药。到了宋代，这种黑色炸药已经被运用到军事战争中去了。

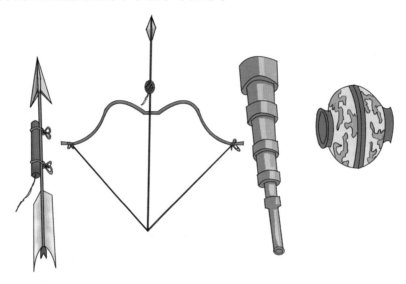

通常，炸药自身的化学性质和物理性质是相对稳定的，但是一旦外部有较强的冲击能量的作用，炸药就会瞬间爆炸。

炸药爆炸的过程中，会出现一种极为典型的能量释放形式——爆轰，它是炸药特有的一种爆炸现象，同时也是一个伴有巨大能量释放的化学反应过程。

目前，炸药被广泛地应用在煤矿开采、石油开采、地质勘探、机械制造、水利水电等工业经济领域，比如为了开采煤矿，人们会用炸药来对矿山进行大规模的爆破，以便后续煤炭开采工程的进行；又比如为了疏通河道、修建水坝，人们会使用炸药来对河道、河堤等的地理环境进行爆破；再比如为了修建公路、铁路等交通路线，人们会使用炸药来炸山开路，实现交通路网的畅通。

除了工业经济领域，炸药还被广泛地应用在军事领域，在军事领域发挥着十分重要的作用。

虽然炸药的应用十分广泛，但它在本质上是一种危害性极大的化学物品。一方面，炸药爆炸的瞬间，会产生大量的高温火焰，很容易引燃周围的可燃物质，从而导致火灾的发生；另一方面，炸药爆炸时释放出的高温高压气体，会在一瞬间形成巨大的空气冲击波，它虽然看似无形，但破坏力巨大，很有可能瞬间摧毁周围的建筑物、设备等。

此外，炸药爆炸时会瞬间产生大量的爆炸飞散物，这些物体会不定向地向四周扩散，以高速飞散的状态对周围的建筑、设备以及人员造成不可估量的伤害，甚至很有可能会造成二次伤害。

正因如此，人类要对炸药持更加谨慎的态度，在利用炸药辅助工业经济和军事发展的同时，也要学会在最大程度上规避它的危害性。

化肥和农药

就如同人类的生长离不开各种营养元素的补给一样，自然界里的植物要想健康生长，同样需要必要的养分补给。

最初，人们主要使用人类和动物的粪便来给植物施肥，别看这些肥料闻起来臭烘烘的，但它们却包含了植物生长所需的必要养分，是相当不错的天然有机肥料哦！

后来，到了18世纪中期，在深度了解了化学元素和植物生长之间的密切关系后，人类通过化学和物理手段，研究制成了富含农作物等植物生长所需养分的化学肥料，这就是人们所说的"化肥"。

人类研究制造的化学肥料主要以氮肥、磷肥、钾肥为主。

氮肥的化学成分主要以尿素、氨水、氨酸以及硝酸钠等为主，它的作用主要是帮助农作物提高体内的蛋白质含量，同时促进农作物的茎叶生长，让农作物的叶色变得更加浓绿。

磷肥的化学成分以磷矿粉、钙镁磷肥等为主，主要作用是提升农作物的抗寒和抗旱能力，使农作物不怕冷也不怕旱。

钾肥的化学成分以硫酸钾和氯化钾等为主，主要作用是促进农作物的生长，同时提升农作物的抗病虫害能力。

自从人类在农业生产中加入了化学肥料，农作物的产量就得到了极大的提升。只不过，凡事都有两面性，化学肥料在提升农作物产量的同时，也对自然环境造成了一定程度的破坏和污染。正因如此，化学肥料的使用才要因地制宜、适量适度，千万不能单纯地为了增产而过度使用化学肥料，给土壤和自然环境造成无法挽救的损害。

事实上，除了化学肥料，还有另一种化学产物同样能提升农作物的产量，它就是化学农药，是一种为了提高并保护农业生产的化学药剂，同时也能对林业、畜牧业以及渔业产生相同的保护作用。

目前，人类在农业生产中常用的化学农药，主要包括杀虫剂、除草剂、杀菌剂、杀鼠剂以及植物生长调节剂等。就拿杀虫剂来说，它能有效铲除危害植物生长的病虫害，对植物的生长起到保护作用。

再比如除草剂，顾名思义，它主要是用来铲除阻碍植物生长的杂草。要知道，在植物界也是存在非常严酷的生存竞争的，有些草类不仅会抢夺农作物的生长养分，而且还会抢夺它们的生存空间，简直就像是蛮横不讲理的入侵者。

虽然化学农药的作用很大，但由于它本质上是一种有毒物质，因此在使用过程中一定要谨慎小心，否则就会对人体健康和自然环境造成无法弥补的危害。

　　人体就像一座大工厂，里面有各种部门、各种部件每天都在不停地运转着。有时，因为受到外部或者内部因素的影响，这座大工厂里的有些部件，会突然出现意外状况，无法正常运转。

　　这个时候，人们就需要服用针对性的药物进行治疗，比如感冒头疼了，就吃治疗感冒头疼的药物；咳嗽气喘了，就吃专门止咳平喘的药物；腹痛腹泻了，就吃专门治疗拉肚子的药物……

　　目前，国际上一般将药物分为化学药物、中医药物以及生物药物三种类型，其中，化学药物指的是从天然矿物、动植物体内提炼出的有效成分，经过化学合成作用后最终制成的药物。

　　虽然药物的作用是特定的，但由于人体内部的机能十分复杂，加上每个人的身体机能和身体特质有所差别，因此在使用药物的过程中，会出现各种不同的状况。举个简单的例子，就拿青霉素这一药物来说，有的人对它没有过敏反应，可以正常使用，但有的人就会在使用青霉素时发生过敏反应，出现诸如发热、皮肤瘙痒、呼吸困难等症状。所以，药物的使用一定要遵医嘱！

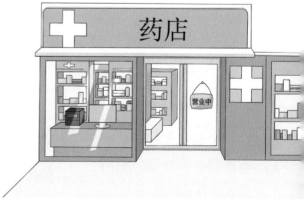

随着人类社会的发展，人类生产生活过程中使用大量的化石能源，使得诸如环境污染、生态失衡等一系列生态环境问题层出不穷。如今，为了保护地球资源的可再生性，维护地球生态环境的平衡和发展，同时也是为了人类自身的未来，可持续的能源发展成为人类眼下的发展主题。

在这个背景下，以太阳能、地热能、风能、海洋能、生物质能为代表的新能源，以及以高性能合成树脂、高性能橡胶材料、特种合成纤维、功能高分子材料、生物化工材料等为代表的新材料，成为人类追求可持续发展的重点领域。

所谓太阳能，指的是太阳光的辐射能量，它能通过光热转换、光电转换、光化学转化等方式被开发利用，在光热、发电、光化以及燃油等领域被广泛应用。

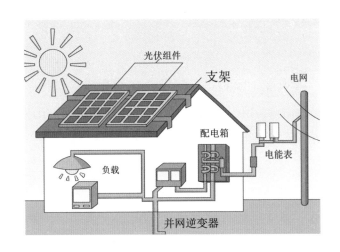

所谓地热能，指的是从地壳中抽取得来的天然热能，它在本质上是地球内部的熔岩能量，经开发后能够被应用在发电、供暖、医学治疗以及工农业生产等领域。

　　风能，顾名思义，就是空气在流动过程中所产生的能量，它的本质是太阳能的转化形式之一，具有储量大、分布广的特点，是一种可再生的清洁能源，主要被用在发电、发热等领域。

　　海洋能指的是依附于海水的能量，它同样是一种可再生能源，主要以潮汐能、波浪能、温差能、盐差能、海流能、海风能、海洋热能等形式为主，是一种极具战略意义的新能源。

　　生物质能，指的是从自然界有生命的植物体内获取的能量，具有低污染、分布广泛、总量丰富、应用广泛以及可再生等特点，包括森林能源、农作物秸秆、动物粪便、水生植物、油料作物以及城市和工业有机废弃物等。

除了各种新能源，人类还在传统材料的基础上，积极依托现代科技和化工研究成果，开发出一系列化工新材料，主要以金属材料、无机非金属材料、有机高分子材料、先进复合材料四大类为主。

　　在当前"环保低碳"主流下，以聚苯硫醚（PPS）纤维为代表的化工新材料，成为我国减少碳排放的热门首选工业除尘材料，这主要是因为聚苯硫醚（PPS）纤维具有耐磨损、高熔点、稳定性强的特点，将它应用在煤炭、电力以及水泥工业生产等领域，能够有效地减少碳排放，实现高效除尘的目的。

　　此外，聚苯硫醚（PPS）纤维还能被应用在城市垃圾焚烧、汽车尾气除尘、保温材料、绝缘材料、化工过滤材料等领域。

　　可以说，新能源和新材料的开发与应用，是人类保护生态环境的有效尝试，同时也是维护人类自身和谐发展的长久之计。

　　地球只有一个，它是全人类共同的家园，人类有必要去爱护和守护地球母亲的健康，因为只有她健康了，人类才能更好地发展下去。